编委会

顾　　　问：钟　山　叶培建　吴伟仁　吴志坚　王建生

编委会主任：李啸龙

编委会副主任：吴　锋　王　程　袁茂富　吴　杰　葛长刚　李晓红　辜　璐　高　宁　吴　勤　张海峰　曹建中

总　策　划：施　荣　马　倩

审定专家：郑永春

其他成员：田如森　田仙君　姜景一　王亚苹　薛　晏　王　健　魏传锋　张　哲　王　硕　屈昌海　马　晴
　　　　　梅丽华　宋晓阳　郭　霖　刘树文　赵　屹　赵晓霞　马　芳　彭建军　王鑫馨　谭吉伟　牛新宇
　　　　　张　晶　董潇潇　吴宝梁　张祚天　田笑强　高庆华　钟　晴　王金平　郭丽娟　张传良　陈晓芳
　　　　　酒亚光　施　雯　王美懿　元孟楠　张阿丽　陈　亮　张晓意　林淑明　李晓庆　刘靖鑫　彭振忠
　　　　　吴晓倩　李　颖

中国航天科工二院二〇八所　航天工业系统第一家科技情报专业研究所，秉承"信息支撑未来"的发展理念，专业领域涵盖科技信息、发展战略、知识产权与标准化、科技出版与传播、科技翻译、科技声像与文化创意、大型会展与科普活动、展览展示工程、信息资源与知识服务、文化传媒、信息化技术、网络安全与运维、通信工程等。依托深厚的专业背景，二〇八所始终坚持激励一代人，打造了一系列特色鲜明的科普出版物与科普活动，用航天精神感染青少年，用航天事业鼓舞青少年，为广大青少年插上了梦想飞天的翅膀。

郭丽娟　中国科普作家协会会员，中国航天科工二院二〇八所《军事文摘》少儿版资深编辑，航天科普活动策划人，与他人合著中国载人航天科学绘本《我想去太空》《飞船升空了》《你好！空间站》。

酒亚光　插画师、设计师，中国科普作家协会美术专业委员会会员，中国载人航天科学绘本《我想去太空》《飞船升空了》《你好！空间站》绘图设计主创。现为北京吸铁猫文化发展有限公司美术总监。

图书在版编目（CIP）数据

我想去月球 / 郭丽娟著；酒亚光绘 . 一北京：北京联合出版公司，2021.4（2023.1 重印）
（带我去月球）
ISBN 978-7-5596-5204-1

Ⅰ.①我… Ⅱ.①郭… ②酒… Ⅲ.①月球探索－儿童读物 Ⅳ.① V1-49

中国版本图书馆 CIP 数据核字（2021）第 062362 号

我想去月球

著　　者：郭丽娟
绘　　者：酒亚光
出品人：赵红仕
责任编辑：夏应鹏

北京联合出版公司出版
（北京市西城区德外大街 83 号楼 9 层　100088）
河北彩和坊印刷有限公司印刷　新华书店经销
字数 30 千字　889 毫米 ×1194 毫米　1/16　印张 7.5
2021 年 4 月第 1 版　2023 年 1 月第 4 次印刷
ISBN 978-7-5596-5204-1
定价：135.00 元（全 3 册）

我想去月球

MOON

郭丽娟·著

酒亚光·绘

北京联合出版公司
Beijing United Publishing Co., Ltd.

我的爸爸是一名研究月球的科学家，从我小时候起，我们家就有很多大大小小的月球仪。它们既是爸爸的工具，也是我的玩具。

那时，我总是一边转动这些小球，一边追问爸爸："月亮一直挂在天上吗？它是从哪里来的呀？"爸爸会停下手里的工作，耐心地告诉我："月球可不是从一开始就挂在天上的，它是地球和另外一个星球共同的孩子。"

太阳系的诞生

大约 46 亿年前，太阳刚刚诞生。除了太阳，太阳系里到处都是尘埃、气体和冰，它们不停地围绕着太阳旋转，慢慢聚集成沙砾—石块—小行星—行星。我们的地球就是其中一颗行星。

月球的诞生

地球诞生几百万年后，一颗和火星一样大小的原始行星，撞到了地球上，它们的剧烈撞击将无数气体和尘埃溅射到了太空中。后来，这些物质慢慢汇聚在一起，形成了月球。

天然卫星

月球是地球唯一的天然卫星，它围绕地球自西向东公转，每转一圈大约需要一个月的时间。同时，地球带着月球一起围绕着太阳公转，公转一圈需要一年。

46 亿年前，月球形成阶段与早期熔融阶段

38 亿至 32 亿年前，月陆和月海形成阶段

46 亿至 38 亿年前，
月海玄武岩喷发阶段

32 亿年前至今，月球
晚期演化阶段

原来，月球是地球和另一个星球的孩子，那它是怎么长大的呢？它身上为什么坑坑洼洼的？

抚摸着立体模型，我对月球充满了好奇。记得爸爸说过，月球的成长可不平凡，在它身上发生过很多激烈的变化！

在它诞生最初的十亿年间，宇宙中数百万颗小天体猛烈地向它砸来，它身上被砸出了无数个大大小小的撞击坑和盆地。

后来，又经历了很长时间的岩浆喷发和小天体撞击，它才变成现在的模样。

周末时光，爸爸会带我到天文馆参观，这里的模型可比家里的大多了，好多模型都成了我的好朋友。通过它们，我对月球越来越了解。

　　除了各式各样的模型，天文馆还有很多可以体验和玩耍的项目。我最喜欢玩的是月球跷跷板，和普通跷跷板相比，月球跷跷板翘起来有 6 米高。

　　爸爸告诉我，这是为了模拟月球重力环境。由于月球表面的重力约为地球的六分之一，所以在月球上，我们轻轻松松就可以跳得很高。

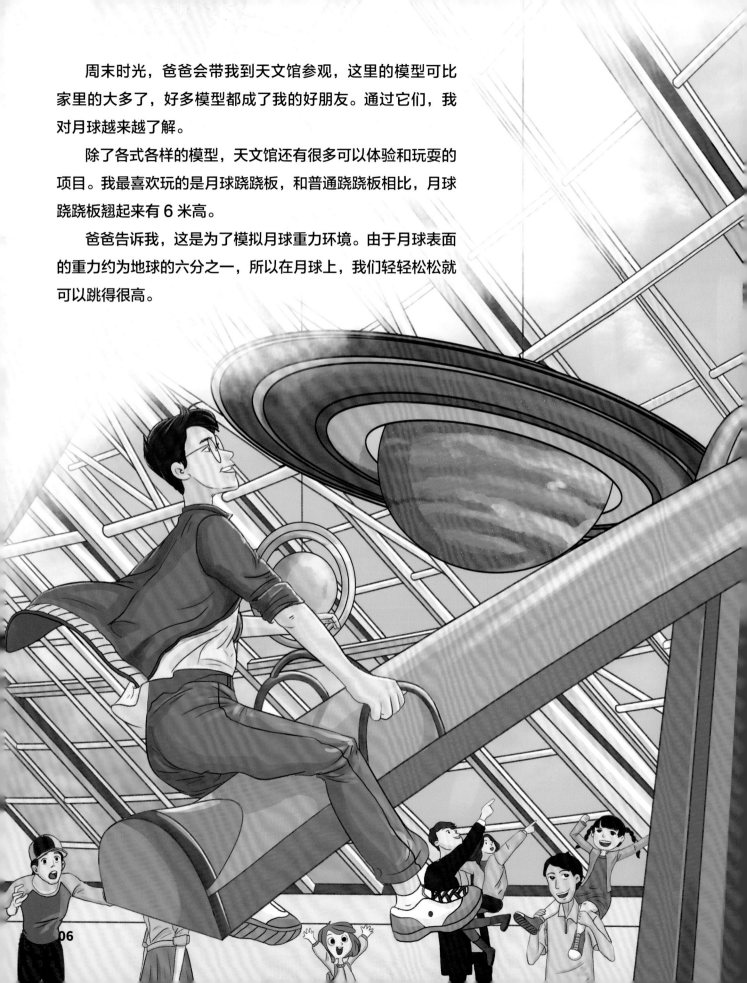

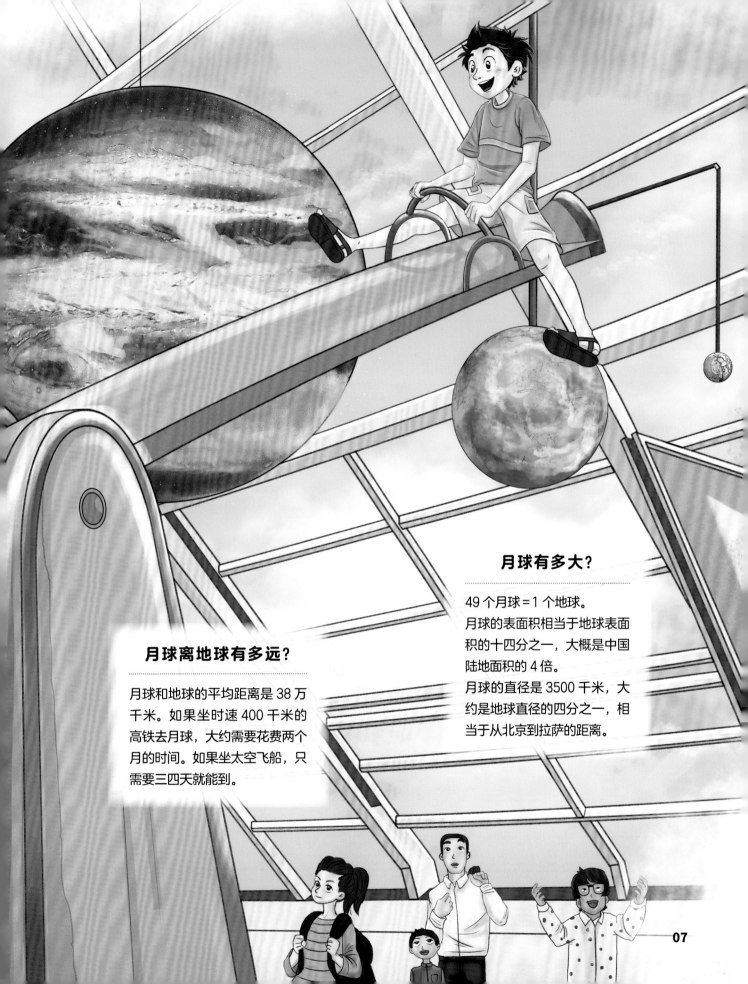

月球有多大？

49 个月球 = 1 个地球。

月球的表面积相当于地球表面积的十四分之一，大概是中国陆地面积的 4 倍。

月球的直径是 3500 千米，大约是地球直径的四分之一，相当于从北京到拉萨的距离。

月球离地球有多远？

月球和地球的平均距离是 38 万千米。如果坐时速 400 千米的高铁去月球，大约需要花费两个月的时间。如果坐太空飞船，只需要三四天就能到。

天文馆里最酷的当数天文望远镜！小小的我从望远镜里一次次看到月球的模样：

颜色灰暗的区域是月海，颜色明亮的区域是月陆，月陆上分布着很多环形山，也叫"撞击坑"。

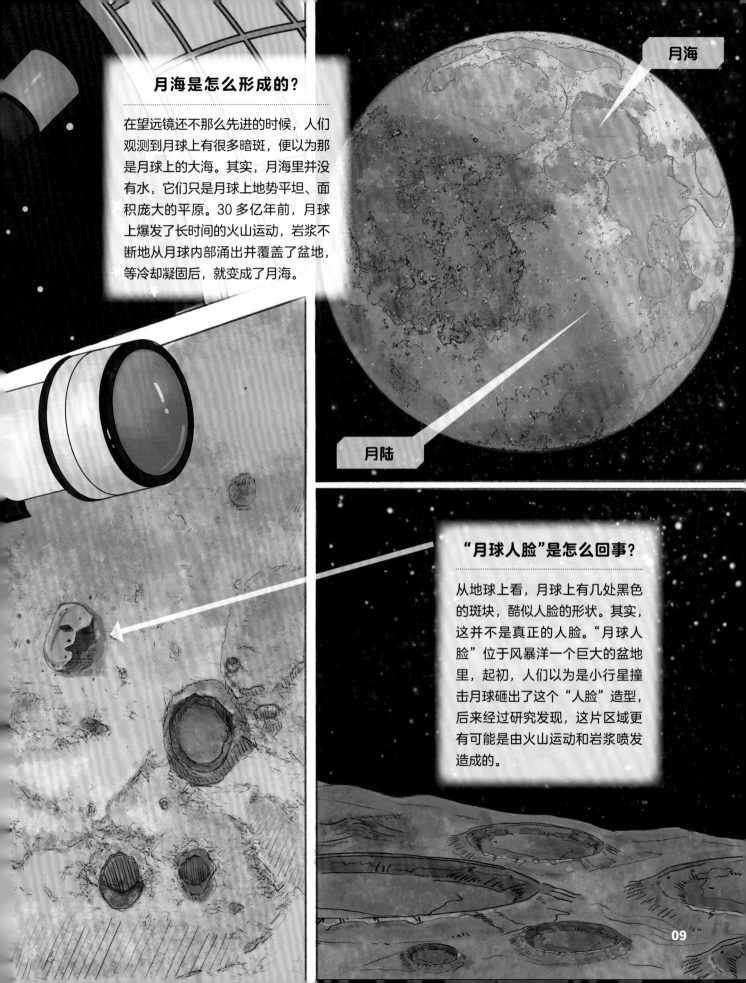

月海是怎么形成的？

在望远镜还不那么先进的时候，人们观测到月球上有很多暗斑，便以为那是月球上的大海。其实，月海里并没有水，它们只是月球上地势平坦、面积庞大的平原。30多亿年前，月球上爆发了长时间的火山运动，岩浆不断地从月球内部涌出并覆盖了盆地，等冷却凝固后，就变成了月海。

月海

月陆

"月球人脸"是怎么回事？

从地球上看，月球上有几处黑色的斑块，酷似人脸的形状。其实，这并不是真正的人脸。"月球人脸"位于风暴洋一个巨大的盆地里，起初，人们以为是小行星撞击月球砸出了这个"人脸"造型，后来经过研究发现，这片区域更有可能是由火山运动和岩浆喷发造成的。

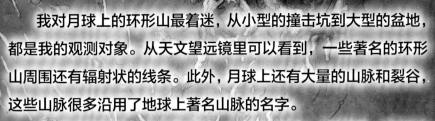

我对月球上的环形山最着迷，从小型的撞击坑到大型的盆地，都是我的观测对象。从天文望远镜里可以看到，一些著名的环形山周围还有辐射状的线条。此外，月球上还有大量的山脉和裂谷，这些山脉很多沿用了地球上著名山脉的名字。

在月球的背面，环形山很多，月海则很少。爸爸说，这是因为月球背面被小天体撞得更多。

高加索山脉

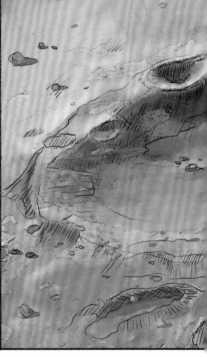

撞击坑的辐射纹

据推断，撞击坑周围的辐射纹是小天体撞击月球时扬起的溅射物形成的纹路。

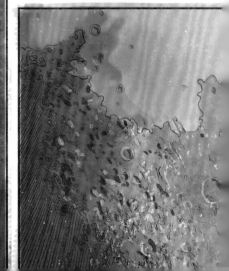

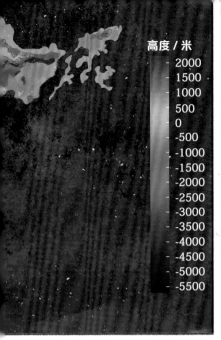

高度 / 米
- 2000
- 1500
- 1000
- 500
- 0
- -500
- -1000
- -1500
- -2000
- -2500
- -3000
- -3500
- -4000
- -4500
- -5000
- -5500

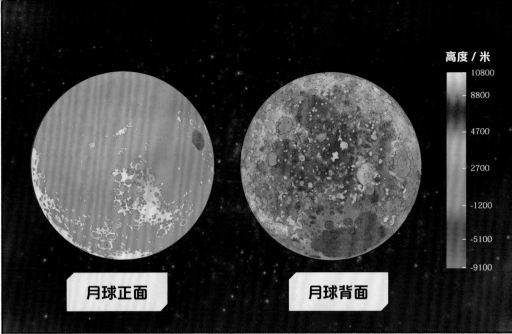

高度 / 米
- 10800
- 8800
- 4700
- 2700
- -1200
- -5100
- -9100

月球正面

月球背面

月球上的高山

月球上的高山大多在撞击盆地的边缘，有些比地球上的珠穆朗玛峰还要高。

月球上的万户环形山

这座环形山以"世界飞天第一人"——中国明朝时期的万户命名，直径53.3千米，深度2.4千米。

撞击坑的大小

月球表面的撞击坑大小不等，有的直径不到20千米，有的直径在20千米到100千米之间，还有的直径甚至大于100千米。

月球山脉近景

有一次，爸爸要出差一个月。临走前，我们一起做了晨跑计划。我信誓旦旦地保证，一定能完成锻炼任务！结果，没有爸爸在身边监督，我连续几天都睡了懒觉。

那时，我真希望地球的夜晚也能像月球的夜晚那么长，这样我就可以一觉睡满14天了！爸爸打来电话时，我把这个想法告诉了他。他哈哈大笑，跟我说："月球的夜晚那么冷，你这个觉睡得可不舒服！"

月球的表面温度

月球上的白天非常热，最高温度能达到150℃。相反，月球上的夜晚非常冷，最低温度能低到 −180℃。这种极端环境对登月的探测器和航天员来说，是巨大的挑战。

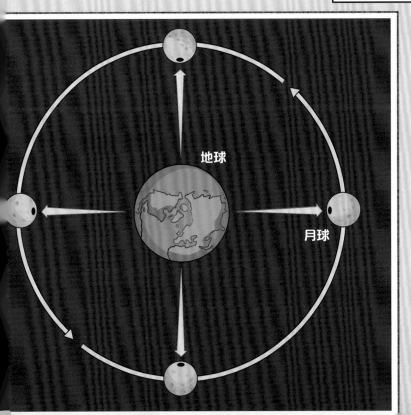

月球的昼夜

月球围绕地球公转的同时，会像旋转木马一样自转。由于它自转和公转的时间相等，都是大约一个月，所以它始终以同一面朝向地球，我们从地球上只能看到月球的正面。月球的白天和夜晚各为14天，也就是说，在月球上度过一个夜晚需要两周的时间。

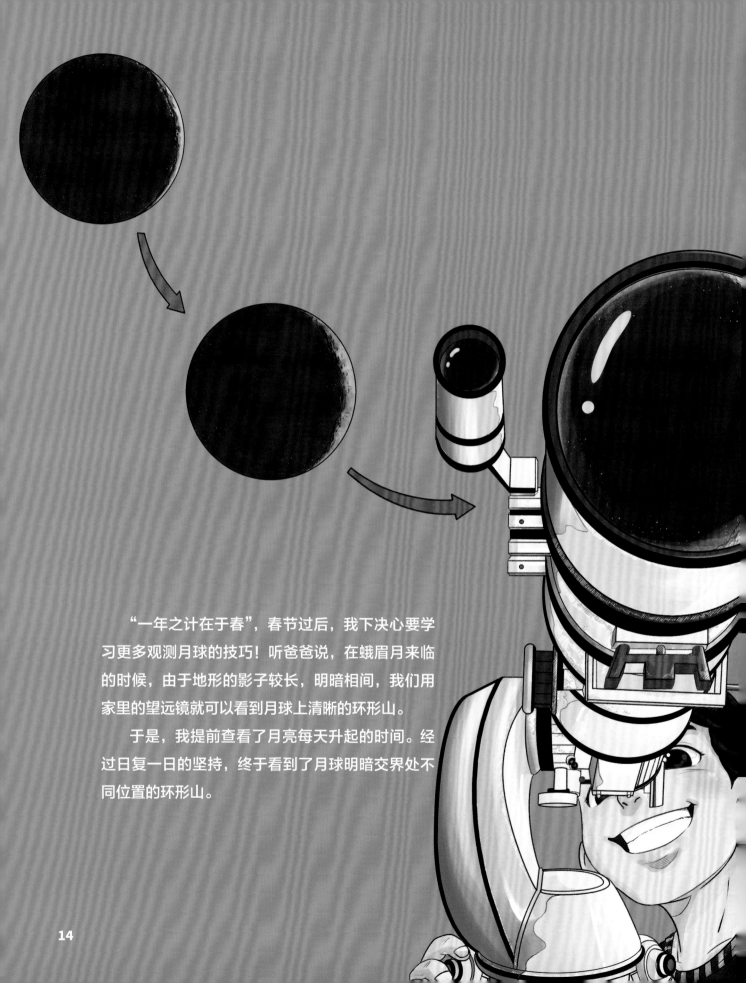

　　"一年之计在于春"，春节过后，我下决心要学习更多观测月球的技巧！听爸爸说，在蛾眉月来临的时候，由于地形的影子较长，明暗相间，我们用家里的望远镜就可以看到月球上清晰的环形山。

　　于是，我提前查看了月亮每天升起的时间。经过日复一日的坚持，终于看到了月球明暗交界处不同位置的环形山。

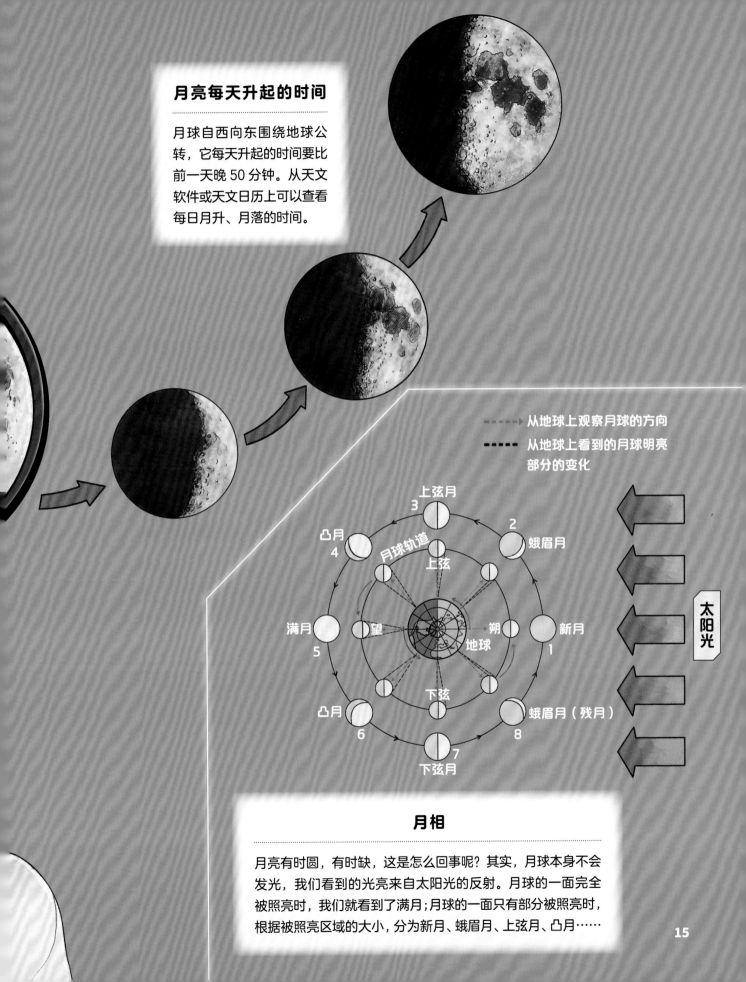

月亮每天升起的时间

月球自西向东围绕地球公转，它每天升起的时间要比前一天晚 50 分钟。从天文软件或天文日历上可以查看每日月升、月落的时间。

- - - - ▶ 从地球上观察月球的方向
- - - - 从地球上看到的月球明亮部分的变化

上弦月
3

凸月
4

蛾眉月
2

月球轨道

上弦

满月
5

望

朔

新月
1

地球

太阳光

下弦

凸月
6

下弦月
7

蛾眉月（残月）
8

月相

月亮有时圆，有时缺，这是怎么回事呢？其实，月球本身不会发光，我们看到的光亮来自太阳光的反射。月球的一面完全被照亮时，我们就看到了满月；月球的一面只有部分被照亮时，根据被照亮区域的大小，分为新月、蛾眉月、上弦月、凸月……

爸爸的故乡是钱塘江边的一个小镇，每年的中秋节，我们全家都会到那里一起赏月，吃月饼，吃螃蟹。一轮明月高高地挂在天上，耳边传来一阵阵潮水的声音。

小时候，我曾担心月亮会不会突然掉下来，"扑通"一声砸到江里！关于这个问题，爸爸用一个实验帮我做了完美的解答。

月球为什么不会掉下来?

将一根绳子拴在敞口的塑料瓶上,然后往瓶子里注满水,手握绳子的一头,快速旋转,使瓶子围绕你做圆周运动。你会发现,瓶子里的水并没有洒出来。只有停止转动,水才会流出。

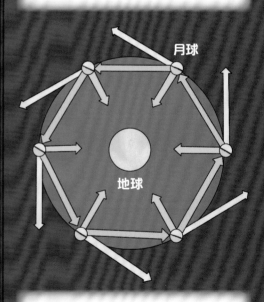

同样的道理,由于地球对月球有引力,如果月球静止不动,就有可能砸到地球上。但是,月球一直以一定的速度不停地围绕着地球公转,由此产生的离心力和地心引力相互抵消,所以月球就不会掉下来了。出于同样的原因,地球上空的卫星也是因为绕地球高速运动,所以才不会掉下来。

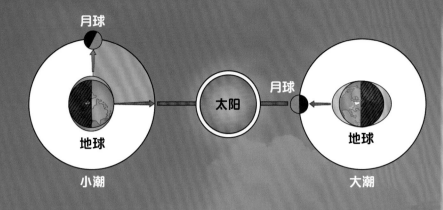

月球

地球

小潮

太阳　月球

地球

大潮

潮汐

不仅地球对月球有引力，月球对地球也有引力。它们就像两个舞伴，臂膀之间永远保持着一定的距离，不知疲倦地跳着舞。引力强大的地球把月球牢牢地吸引在身边，月球的引力同样也吸引了地球。江水和海水被月球吸引，形成了潮（涨潮）汐（落潮）。当太阳和月球形成直角时，二者引力部分抵消，潮水高度降低，形成小潮；当太阳、月球、地球三者在一条直线上时（新月或满月时），太阳和月球二者的引力相加，形成大潮。

"八月十八潮，壮观天下无。"在爸爸的故乡，中秋节除了赏月、吃月饼，还有一个传统习俗，那就是观赏钱塘潮！在中秋节之后的两三天里，是观潮的最佳时节。我们站在浙江海宁的观潮点，远远望去，大潮如万马奔腾，呼啸而来，潮头足足有五六米高，浪花飞溅，惊心动魄。

爸爸说，农历八月十六日至八月十八日，太阳、月球、地球三者几乎在一条直线上，在太阳和月球对地球的双重引力作用下，再加上喇叭口地势的原因，钱塘江的大潮才会如此壮观。

学校的"天文节"到了，老师邀请爸爸到班里给同学们讲一节月球知识课。备课时，爸爸有些发愁，哪些问题是大家最感兴趣的呢？我提议道，我们天天在地球上看月球，如果在月球上看地球，会是什么样呢？爸爸说："那就给你们讲讲'在月球上看星空'的知识！"

从月球上看，地球也有圆缺变化。

《地出》

课堂上，爸爸给我们展示了一幅著名的《地出》图，它是航天员在绕月轨道上拍摄的。只见蓝色的地球挂在漆黑的夜空中，显得格外美丽、耀眼。

原来，在月球正面的任何一个地点看地球，地球在天空的位置都是不动的，但是由于地球会自转，太阳照到地球上的昼夜分界线会移动，所以地球也会有圆缺变化。而且，在月球上看地球的圆缺变化周期也是一个月。

老师，月球的天空为什么是黑色的？

这个问题很好！由于大气层对阳光的散射作用，地球的天空是蔚蓝色的，但是月球没有大气层，不存在散射的问题，所以它上方的天空是漆黑的。也就是说，无论白天还是夜晚，在月球的正面都能看到地球！

那么，在月球上能看到太阳系所有的行星吗？

在月球上，我们用肉眼就可以看到一些在地球上难以观测到的星球。如果想看到太阳系的"全家福"，用望远镜就可以啦！

地球是我们的母星，无论人类将来走多远，都要爱护地球，爱护我们永恒的家园。

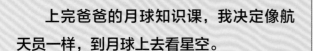

上完爸爸的月球知识课，我决定像航天员一样，到月球上去看星空。

去月球之前，要准备哪些东西呢？我查阅资料，做了一套"月球攻略"。

月球攻略

1. 月球环境调查

优点：无大气层干扰，没有风雨雷电，白天太阳光可以不受影响，直接照到月球上，夜间观星视野良好。

缺点：没有空气，没有水，没有大气层的保温，昼夜温差极大。没有磁场的防护，宇宙射线很强，对人体会造成致命的伤害，还有可能遭受流星体的攻击。

2. 应对策略

准备充足的食物、水和氧气，穿航天服，开月球车。带天文望远镜、帐篷，建造月球基地。

我把写完的"月球攻略"给爸爸看，爸爸说，这个计划很棒，不过实现起来有点难度。但是不要灰心，科学家已经发现月球的南北极可能有固态水冰，不久的将来，人类就要在月球上建立可居住的月球基地了。到那时，普通人也可以到月球去看星空。

爸爸还告诉我，其实我们的祖先在很早很早以前就想登上月球看个究竟，其中最著名的就是"嫦娥奔月"的神话故事。

传说很久很久以前，有个美丽的女子嫦娥吃了王母娘娘的仙丹，竟然轻飘飘地飞了起来。她一直飞到了月球的广寒宫，再也回不来了。好在广寒宫里有只小玉兔，从此以后，就只有玉兔和嫦娥在月球上做伴了。

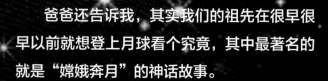

"但愿人长久，千里共婵娟。"
古代的文人墨客经常用"嫦娥""婵娟"来称呼月亮。到了 21 世纪，我们中国的探月工程就用了这个神话故事来命名，叫作"嫦娥工程"。

在爸爸的熏陶下，我变成了一个不折不扣的天文迷、航天迷。我会在安静的夜晚久久地凝望月球。我知道，它在慢慢离我们远去，但我与它的距离却越来越近。

月球正在远去

月球平均每年以 3.8 厘米的速度逐渐与地球远离。因此，月球正在飞向更遥远的太空。

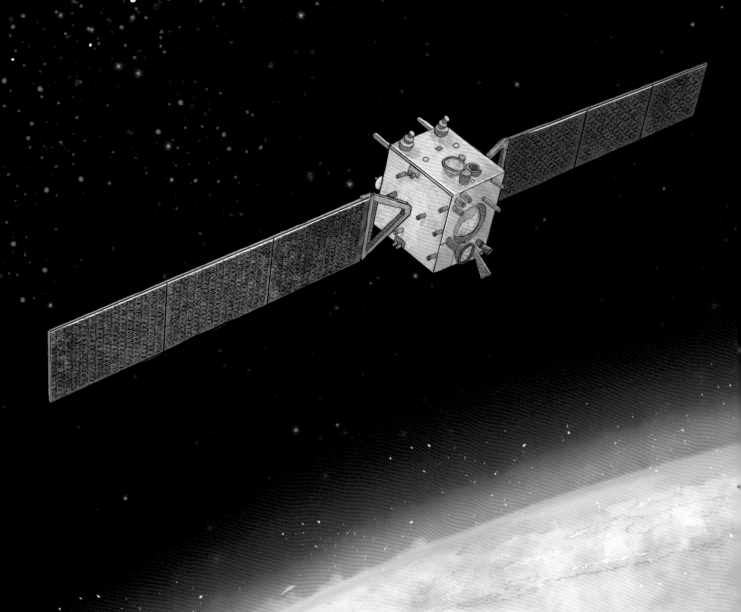

长大后，我成了一名航天人。

人类的探月之路

13 世纪
中国人发明了火箭，并在军事活动中应用。

17 世纪之前
人类凭借肉眼观测月球。

17 世纪初
人类发明了望远镜，伽利略将望远镜对准月球，看到了环形山。

1959 年
苏联发射的"月球 2 号"探测器成功降落在月球表面，成为第一个抵达月球的探测器。

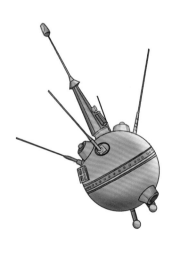

1961 年
苏联航天员加加林成为第一个进入太空的人。

1966 年
苏联发射的"月球 9 号"探测器成为第一个成功软着陆月球的探测器。

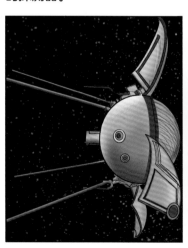

人类的探月之路已经延续了上千年。20世纪六七十年代，科学技术飞速发展，月球探测取得了累累硕果，人类的登月梦想终于变成了现实。

1865 年

儒勒·凡尔纳在《从地球到月球》一书中讲述了人类借助巨型大炮登月的故事。

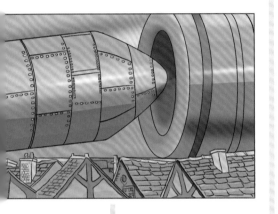

1945 年

第二次世界大战期间，韦纳·冯·布劳恩为德国制造了 V-2 火箭。战争结束后，他去了美国，开始主持设计巨大的"土星5号"火箭，准备将美国人送上月球。

1957 年

苏联发射了第一颗人造地球卫星，人类正式进入太空时代。

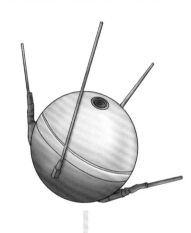

1968 年

美国的"阿波罗8号"宇宙飞船第一次载人绕月飞行，宇航员第一次从高空看到月球背面。

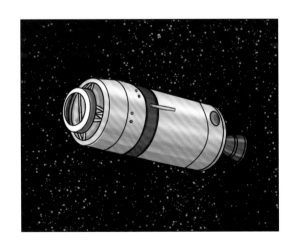

1969 年

美国成功发射"阿波罗11号"载人飞船，"老鹰号"登月舱成功登陆月球。阿姆斯特朗成为第一个登月的宇航员。此后，美国人又陆续5次登月。

20 世纪 90 年代，人类探测器发现月球上可能有水！促使月球再次成为太空探测的焦点。

1990 年

日本的"飞天号"进行绕月探测，日本成为第三个将飞行器送入月球轨道的国家。

1994 年

美国的"克莱门汀号"探测器绕月飞行，它发现月球南极的撞击坑内可能存在水冰。

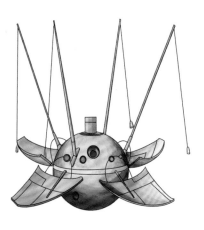

1998 年

美国的"月球勘探者号"探测器绕月探测，它发现月球的北极附近存在水冰的迹象。

2012 年

美国的"圣杯号 A"与"圣杯号 B"探测器环绕月球探测，它们探测的重点是月球的重力场。

2013 年

中国的"嫦娥三号"软着陆月球虹湾，"玉兔号"月球车在月面展开探测。